電気の知識を
十分 身に
付けることが
重要なんだ！

JN121486

電気の知識が災害を防ぐ

　感電による死亡災害は、200ボルト程度の低圧でも多く発生していますので、送電、配電設備だけでなく、一般動力機械、動力クレーン、電動工具など電気を使用した機器、設備を取り扱うあらゆる作業で、十分な知識と注意が必要です。

　死亡者の内訳を設備別で見ると、「送配電線等」、「交流アーク溶接装置」、「電力設備」などで発生しています。

　夏季は感電による災害が急増します。気温・湿度が上がるこの時季は、発汗によって皮膚の電気抵抗が低下すること、軽装により皮膚を多く露出すること、および暑さから絶縁用保護具の着用がルーズになりがちなことなどが原因となっています。

　電気取扱い作業での災害防止には、電気の知識を十分に身に付けることが、とりわけ重要です。この冊子では、災害事例をもとに、電気取扱い作業においてどのような災害が発生しているのか、どうすれば災害を防ぐことができるのかを、具体的に考えていきます。

操作盤電源表示ランプ
取り替え作業中に感電

食料品製造工場で、操作盤の電源表示ランプ
取り替え作業中に、操作盤内側に落ちたランプを
拾おうとして扉を開け、盤内機器の端子に触れ感電。

ここが**危ない**

1. 操作盤の扉を開けたのに電源が切れなかった。または、切らなかった。
2. 盤内機器の端子に絶縁覆いがなかった。
3. 作業者が電気の知識、危険性を十分理解していなかった。

こうすれば安全

1 操作盤の扉には施錠し、取扱責任者を決めて表示する。

扉を開けたら電源が切れる

2 操作盤の扉を開けたときには、自動的に電源が遮断される構造にするのが最善策である。

3 操作盤内の配線、端子部分、その他充電露出部分には絶縁覆いをする。

4 電気取扱い作業に従事する際は、特別教育などを受け、十分な知識を身につける。

5 操作盤内の電圧は、50 ボルト以下とするのが望ましい（許容接触電圧）。

絶縁処置 ヨシ！

指差し呼称のポイント 「操作盤内作業、電源遮断　ヨシ！」

天井走行クレーンの修理後
通電して修理作業者が感電

天井クレーンの電気系統の修理を終えて通電したところ、
作業デッキにいた別の作業者が感電した。

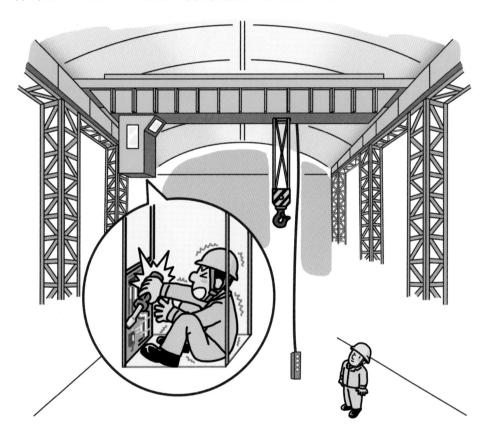

ここが危ない

1. 修理作業者が作業デッキにいるにもかかわらず、安全を十分に確認しない
   でクレーンの電源を入れた。
2. 電気系統の修理を、電気工事を専門としない2人のクレーン運転者にさせた。
3. 絶縁用保護具を使用していなかった。

こうすれば安全

1 故障が発生した場合などの非定常作業における作業手順をあらかじめ定めておく。

故障発生時の作業手順

保全担当者

第1クレーン OFF　第2クレーン ON

第1クレーン修理中
通電禁止

2 電気取扱い作業は、操作盤に「修理中・通電禁止」の表示をし、低圧であっても、電気保全専門作業者に実施を任せること。

3 電気取扱い作業者は必ず絶縁用保護具を使用すること。経年変化で絶縁性能が劣化するので、定期的に電気的検査をすること。

絶縁用保護具

指差し呼称のポイント

「電気系統修理作業、保全専門作業者を呼ぶ　ヨシ！」

コンクリートミキサーの内部の溶接作業中に感電

コンクリートミキサー内部で、交流アーク溶接機を使用して攪拌用の羽の交換補修作業中に、アーク溶接棒が体に触れて感電。

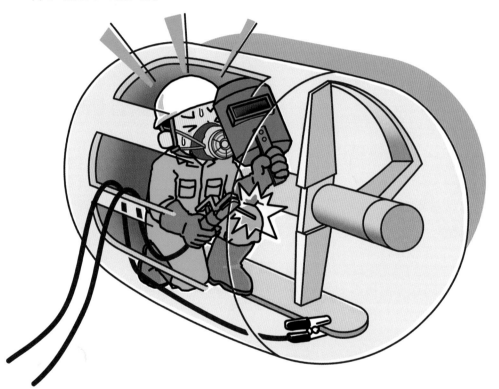

ここが危ない

1. 狭く、導電体に囲まれた場所での作業にもかかわらず、交流アーク溶接機に自動電撃防止装置を使用していなかった。
2. ミキサー内部の気温が高く、発汗しやすい状況下にもかかわらず、換気や冷気送風などの対策がなされていなかった。
3. 感電の危険性について、知識、認識が不十分だった。

こうすれば安全

自動電撃防止装置付き
交流アーク溶接機

1 狭く、導電体に囲まれた場所で交流アーク溶接機を使うときは、必ず自動電撃防止装置を使用すること。

2 気温が高い場所でアーク溶接作業を行う場合は、冷風機（スポットクーラー）を用いる等、発汗を抑える作業環境を確保すること。

3 作業中断時は、溶接棒をホルダーから外しておく。

4 感電の危険性について、十分な知識を身につけること。

指差し呼称の
ポイント

「アーク溶接、自動電撃防止装置使用　ヨシ！」

鉄製作業台の移動中、
電源ケーブルの被覆が焼損して感電

脚が溶断直後だった鉄製作業台の移動中、
脚を電源ケーブルの上に落としたため、
被覆が焼損し、鉄製作業台に通電して感電した。

ここが危ない

1. 移動させようとした鉄製作業台の下に、溶接機への電源ケーブルがあった。
2. 電源ケーブルに乗った脚は、アセチレン溶断機で切断されたばかりで高温
   だったため、ケーブルの被覆が焼損して心線が露出した。

こうすれば安全

1 仮設の配線や移動配線であっても、通路面や床面にはわせないようにする。通路面にはわせるときには、覆いなど十分な保護措置をする。

周辺の
配線移動
ヨシ！

指差し呼称の
ポイント

2 重量物を移動させる際は、付近に配線などの危険物がないことを確認し、あるいは危険がないよう移動しておく。

3 仮設の配線であっても、平形ビニールコードなどの家庭用電線ではなく、キャブタイヤケーブルを使用する。

「重量物移動時、周辺の配線移動、保護覆い　ヨシ！」

活線をペンチで切断し、感電

電気工事中、停電しているはずの活線をペンチで切断し、感電した。

ここが危ない

1 停電すべき配線を誤認した。

2 当該配線が停電していることを検電器具で確認していなかった。

3 配電盤に設けられているブレーカーには、行先表示がされていなかった。

こうすれば**安全**

1 停電作業をする場合には、検電器具により停電していることを確認する。

非常用　店内　冷房　○○

2 ブレーカーを間違えないよう、各ブレーカーには明確な行先表示をする。

3 元方と請負人の事業場の作業者が共同作業をする場合は、事前に十分な連絡調整を行うとともに、作業指揮者を置く。

4 ブレーカーは、作業中、施錠するか、掛け札等で通電禁止を表示する。

通電禁止

指差し呼称のポイント

「停電作業時、検電器具で停電確認　ヨシ！」

変電所の断路器の機能試験中に封入ガスが噴出

　2グループでガス絶縁開閉装置の修理をしていたとき、
一方が、受け持ち範囲の回路は遮断されていると思い、
試験通電した。ところがもう一方が、作業遂行上、
遮断した回路を仮に短絡してあったため定格を超える
大電流が流れ、装置に封入してあった
絶縁体の六フッ化硫黄が加熱され噴出した。

ここが危ない

1. 2つの作業グループの、事前連絡調整が不十分であった。
2. 修理のため仮に短絡している箇所を、離れたところから確認できる表示を行っていなかった。
3. 定格電流オーバーを抑える電流リミッターなどが装備されていなかった。